食物的由来

米饭

小小太阳花　编

中国人口出版社
China Population Publishing House
全国百佳出版单位

图书在版编目（CIP）数据

食物的由来．米饭／小小太阳花编．——北京：中
国人口出版社，2025.1
ISBN 978-7-5101-8859-6

Ⅰ．①食… Ⅱ．①小… Ⅲ．①食品－儿童读物②大米
－儿童读物 Ⅳ．① TS2-49② TS212.7-49

中国版本图书馆 CIP 数据核字 (2022) 第 245245 号

食物的由来　米饭

SHIWU DE YOULAI　MIFAN

小小太阳花 编

责 任 编 辑	李瑞艳	
美 术 编 辑	侯　铮	
插 图 绘 制	致美文化	
责 任 印 制	王艳如　任伟英	
出 版 发 行	中国人口出版社	
印　　　刷	小森印刷（北京）有限公司	
开　　　本	787 毫米 ×1092 毫米　1/16	
印　　　张	3	
字　　　数	50 千字	
版　　　次	2025 年 1 月第 1 版	
印　　　次	2025 年 1 月第 1 次印刷	
书　　　号	ISBN 978-7-5101-8859-6	
定　　　价	26.80 元	

电 子 信 箱	rkcbs@126.com		
总编室电话	（010）83519392	**发行部电话**	（010）83557247
办公室电话	（010）83519400	**网销部电话**	（010）83530809
传　　　真	（010）83519400		
地　　　址	北京市海淀区交大东路甲 36 号		
邮　　　编	100044		

一起来看看我的相册吧

种子

小苗

长穗

收割

晒晒

米饭

大米从哪里来

　　小朋友们，你们知道香喷喷的米饭是由什么做的吗？对了，米饭是由大米做成的。大米又从哪里来呢？当然是水稻啦！水稻成熟后，结出的果实就是稻谷，人们把稻谷去壳加工，就是我们常见的大米。水稻是如何生长的，大米是怎样变成香喷喷的米饭的呢？带着这些问题，让我们一起来一趟时光之旅吧！

水稻档案

别称：稻米、稻子等
类别：禾本植物
分布：水稻在世界各地都有种植，我国的水稻主要分布在南方地区。

　　我国是水稻的原产地之一。很久很久以前，我们的祖先靠采集野果、捕猎为生。食物来源很少，生活居无定所，过着饥一顿饱一顿的生活。有一天，人们发现了一株野生的谷物，吃起来味道香甜，还能填饱肚子。

7000 多年前，居住在今天浙江省余姚市境内的河姆渡人，挑选完整而饱满的野生稻谷作为种子，尝试栽培水稻。

此后，水稻由野生变为人工栽培，大米逐渐成为人类的主食之一。

唐宋时期，南方地区逐渐成为我国的水稻生产中心。

明末清初，南方仍是当时的稻米供应基地。据相关记载，当时全国水稻品种有3400多个。

如今，随着科技的不断发展，水稻产量越来越高。近年来，我国水稻产量多年保持在2亿吨以上。

小贴士

☑ 现在，我国的三大粮食作物是水稻、小麦和玉米。

播种准备

想收获大米，要从播种开始。小小的种子慢慢长大，经历发芽、长穗、开花才能结出金黄色的稻谷。稻谷加工去壳，磨掉表面薄皮，就变成了晶莹剔透的大米。

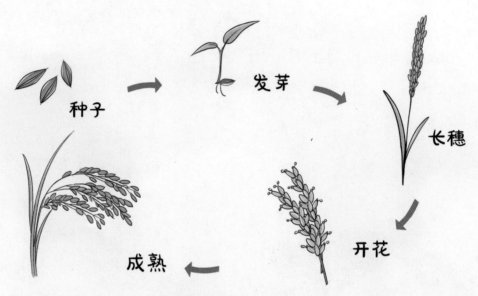

种子 → 发芽 → 长穗

成熟 ← 开花

水稻的种子，是从成熟的水稻稻穗上采集的，一般都是颗粒大而饱满的稻米。

育种

1 选种

要选出籽粒饱满、无病虫害、无杂质的种子。

2 浸种

将选出的稻种浸泡在盐水中，这样优质的稻种会沉在水底，劣质的种子会漂在水面，就可以把不合格的种子挑出去。

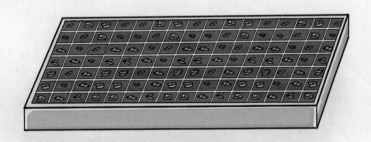

3 催芽

挑选出来的种子，并不会直接进入稻田耕种。它们会被均匀地撒在装好的秧盘上，并盖上一层细土。秧盘就像一个天然大产房。一天，两天，三天过去了，秧盘里的稻种被细心呵护着，慢慢开始发芽。

几天后，秧苗长出一片片叶子。随着它们一天天长大，稻田也进入紧张的准备阶段。

　　田野里开始耕田。人们用犁将稻田里的土壤来回翻松、搅碎，使土地细软平整，再引水入田，等待着插秧。如今，大部分地区都使用机械作业，又方便又省力。

小贴士

☑ **古代农耕工具**

　　犁是一种耕地的农具，用来在土地上耕出一条条沟，以达到翻土的目的。唐代时，人们发明了曲辕犁，不但轻巧，还方便省力，土地也能翻得更深。

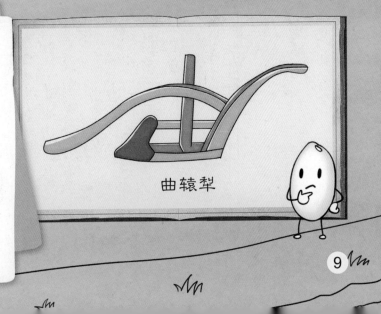

曲辕犁

生长过程

秧苗长高了，可以到广阔的田地里去生长了。

一株株秧苗被移栽到水田，排得整整齐齐，在大自然的滋养和人们的悉心照料下茁壮成长。

千百年来，人工插秧是最重要的插秧方式。后来，人们发明了插秧机，大大提高了生产效率。如今，水稻插秧机已经非常普及了。人们只需要把秧苗放到插秧机上，插秧机上的取秧器会自动取走一撮撮秧苗，秧苗被整整齐齐地插进秧田里。

插好的秧苗，在田地里努力地生长着。

时间一天天过去了，一个月，两个月……稻田变得绿油油的，一派生机勃勃的景象。

水稻长出了小小的稻穗，没多久就开花了。白色的稻花非常小，开花时间也很短。之后，稻穗上会慢慢结出稻谷。

预防灾害

水灾

旱灾

　　水稻的生长过程，并非一帆风顺，它们会遇到各种灾害，比如自然灾害。如果遇到水灾或旱灾，都有可能造成大面积减产甚至绝收。不过，人们通过兴修水利、人工灌溉、改良土壤等方式，保证了水稻的正常生长。

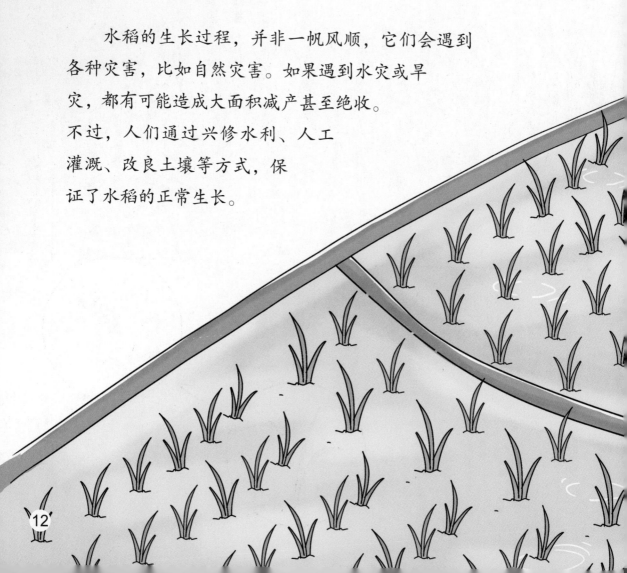

虫灾

水稻虫害主要有稻苞虫、稻飞虱、蝗虫、蚜虫等。人们会细心呵护，除去杂草，喷洒农药，用来防治各种害虫。

蝗虫

蝗虫，俗称蚂蚱。田地里，蝗虫不光吃叶片，还咬断稻穗，会影响水稻产量。

收获时节

时间过得真快啊，一望无际的稻田，变得金黄金黄的。

水稻的茎、叶渐渐由绿色变成黄色，马上成熟啦！风一吹，沉甸甸的稻穗左右摇晃！稻穗上结满了稻谷，一串串饱满的稻穗弯下了腰。

为了防止贪嘴的小鸟偷吃稻谷，人们会在稻田里竖起稻草人。它们时不时随风摆动着身体，守护着人们辛勤劳动的果实。

田野里金灿灿的，终于到了收获的季节。人们在田地里忙碌着，心里乐开了花。在机械化收割之前，农民只能手工割稻。只见他们手持镰刀，把一束束水稻割下，整齐地堆放在田边，用稻草捆成捆，然后再用扁担挑回家。这是辛苦的一天，也是高兴的一天。今年又是个丰收年啊！

如今，人们开着收割机在稻田里转上一圈，就能完成收割。谷粒快速被装进车斗内，而脱谷后的稻秆也陆续掉落在田间。这样一来，大部分的稻秆会被收集起来另作他用，小部分则留在田间变成肥料。

晾晒与储存

1 脱粒

脱粒，是指把稻谷从稻秆上脱落。

古时候，人们需要反复摔打水稻，或使用简单的农具来脱粒，费时费力。脱粒机出现后，人们只需将水稻放进脱粒机中，就能得到一粒粒的稻谷啦。

古

2 晾晒

阳光充足的一天，人们将稻谷均匀摊铺在水泥地上进行晾晒。去掉水分后，稻谷会变得干燥，这样能避免营养流失，可以存放得更久。

在晒谷过程中，需要时不时地翻动稻谷，这样才能使稻谷干透。

小贴士

☑ 选择干燥通风的场地才能达到更好的晒谷效果。晒谷要定期检查稻谷的干燥程度，防止过度晒干。

3 储存

晒好的稻谷，一部分被送到大米加工厂，还有一部分被放入谷仓。谷仓要保持干燥，定时通风，这样才能长久地保存稻谷。

在仓库里，有三件事我们要时刻警惕：

1. 稻谷不能受潮，否则会发霉。
2. 防止虫子咬坏稻谷。
3. 防止老鼠偷吃稻谷。

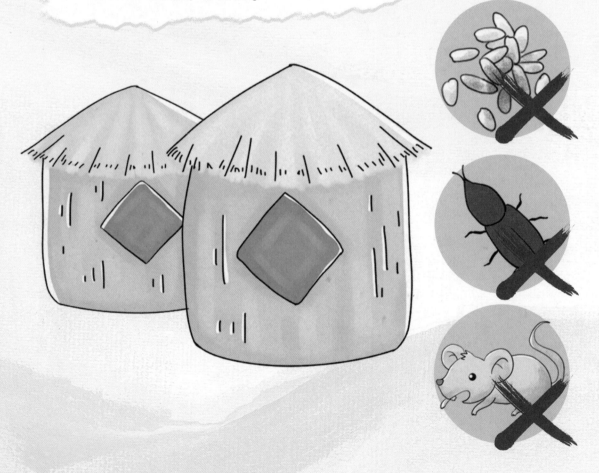

现代化的大米加工技术有多道工序，稻谷是如何加工成白花花的大米的？

1. 将晒好的稻谷，除去混入的杂草、泥土等杂质。

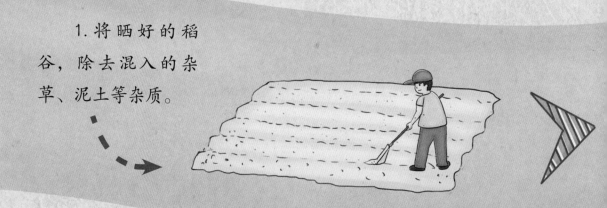

4. 大米被装进米袋，运往大大小小的超市、市场等。

3. 将糙米倒进碾米机中，磨掉其表面的薄皮，糙米就变成白白的大米了。

2. 用机器将黄色的外壳剥掉，露出茶色的米粒，它被称为糙米。

大米美食

　　人们以大米为原料做出了不同的美食。晶莹剔透的大米被蒸熟或煮熟后，变成了一日三餐的米饭、米粥或其他美食。

　　生活中，许多美食都是以大米为原料做成的，比如米粉、米线、米糕、大米凉皮、米花糖等。

☑ 大米是我国大部分地区的主要食物，一日三餐几乎都离不开它。虽说大米有悠久的历史，但真正全面普及却是在宋朝。

米饭的营养

米饭营养丰富，可以提供身体所需的热量、碳水化合物、脂肪、蛋白质等，维持身体正常运转。

吃饭有讲究

小朋友，吃饭也是有讲究的。餐桌的文明礼仪，你知道哪些？

1 请长辈先入座。

2 用餐过程中要安静。

哈哈 ✗

3 不能敲击饭碗。

✗

4 不挑食，不剩饭。

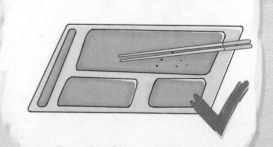

稻谷可以加工成糙米、胚芽米、精米。米饭的种类多样，最常见的是精米做成的精米饭。精米饭中的碳水化合物等进入人体后，如果当日没有消耗完，很容易产生脂肪。而糙米做成的糙米饭，含有更多的矿物质、膳食纤维等，对身体是有好处的。

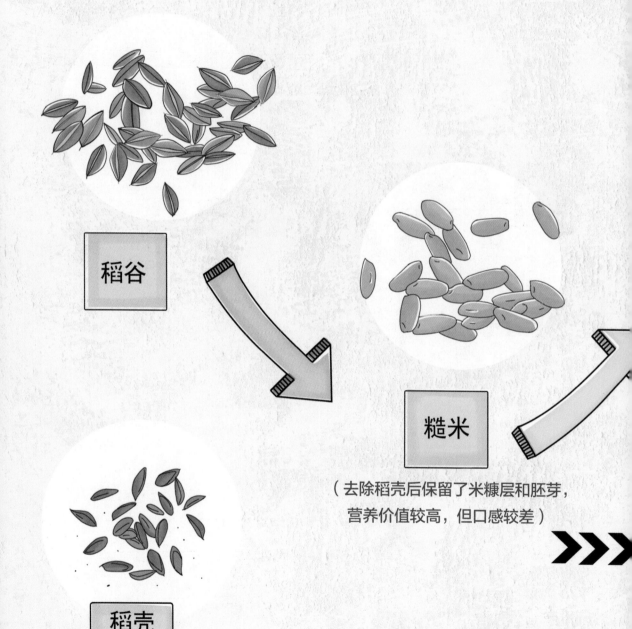

稻谷

糙米

（去除稻壳后保留了米糠层和胚芽，
营养价值较高，但口感较差）

稻壳

胚芽米

（糙米去除米糠层，
口感香糯）

精米

（糙米去除胚芽和米糠层，口感软糯，
但营养价值不如糙米和胚芽米）

米糠

大米的文化

民以食为天，大米的历史源远流长。

我们的祖先很早便以稻为食，在不同的传统节日，创造出丰富的饮食文化。他们还用稻米来酿酒。

在唐代，杜甫写道："稻米流脂粟米白，公私仓廪俱丰实。"意思是农业丰收，粮食储备充足，仓库都装得满满的。

古代有些地方的人们结婚时，亲朋好友都会送上一对米袋，放在洞房里面，寓意代代有米，象征富足有余。

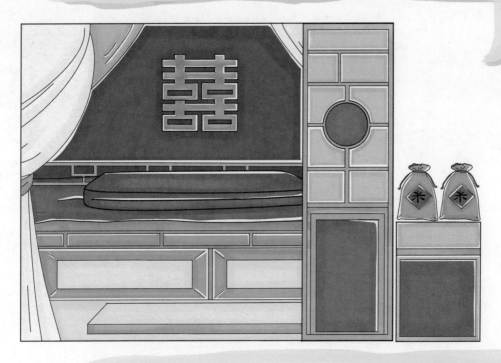

在南方一些地区，人们认为大米可以驱邪。如果小孩子晚上哭闹，家人就会拿一个米袋子放在孩子胸口，叫压惊米。当然，这是人们的美好愿望，并无科学依据。

水稻是世界主要粮食作物之一。中国的水稻栽培，对世界文明的发展产生了广泛而深远的影响。

什么是五谷？

"五谷"说法不一，一种说法是黍、稷、麦、菽和稻。

奇闻趣事

武则天与大米之战

据《新唐书·渤海传》记载，在唐代，渤海国地区已经出现了比较先进的水稻栽培技术，种植出当时最好的大米。据说，那里的大米有美容养颜的功效，深受渤海国贵族的喜爱。武则天知道后，就以渤海国拥兵自重，不尊敬大唐为由发兵攻打渤海国。后来渤海国大败，将米进贡给大唐。不过，这时已是武则天儿子唐中宗的时代了。

丰收时节，贵州省三都水族自治县的水族人会寻找水稻的灵魂：蜘蛛在稻草里做的茧，拿回家放在谷仓里祭拜。水族人认为，祭拜"稻魂"不仅能带来好收成，还能带来好运气。

世界最多人一起插秧

2017 年 5 月，在黑龙江省通河县，由 2017 个人分为 8 个方阵同时插秧，每个方阵约 252 人，其中最大年龄为 98 岁，最小年龄为 13 岁。他们用时共 13 分 23 秒，插下了 700 万株水稻秧苗，创造了"最多人一起插秧"的吉尼斯世界纪录。

2017 年 9 月，"世界最大抓饭"在乌兹别克斯坦诞生。抓饭是乌兹别克斯坦的传统美食，其主要原料为大米、胡萝卜、洋葱和羊肉。50 多名厨师，克服食材配比和翻炒的难点，制作了重量约为 7 吨的抓饭。

胭脂米通常指的是御田胭脂米，是一种极为珍贵的农作物，原产于河北省唐山市丰南区王兰庄镇，曾为清代朝廷贡米。胭脂米营养极其丰富，富含丰富的铁元素和多种氨基酸。

珍惜粮食

一粥一饭，当思来处不易。

当我们坐在餐桌上，吃着香喷喷的米饭，我们不能忘记：一粒米、一碗饭，从田间到餐桌，背后凝聚着无数人的劳动。我们要珍惜粮食，厉行勤俭节约。

　　水稻是重要的粮食作物之一，是世界一半以上人口的主食。

　　"我一生最大的愿望就是让人类摆脱饥荒，让天下人都吃饱饭。"这是袁隆平爷爷经常说的一句话。袁隆平爷爷被誉为"杂交水稻之父"，他一生致力于杂交水稻技术的研究，提高水稻产量，从而养活更多的人。

了解了米饭的由来，我们要做到节约粮食，不浪费。同时向辛勤劳作的农民，以及像袁隆平爷爷一样的科技工作者致敬。正是他们的辛苦劳作和不断创新，才有了我们今天富足的生活。

悯农（其二）

[唐]李 绅

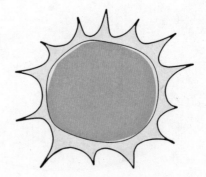

锄禾日当午，
汗滴禾下土。
谁知盘中餐，
粒粒皆辛苦。

随着人们生活水平不断提高，浪费粮食现象不容忽视。遗憾的是，全球仍有很多人处于饥饿状态。节俭是中华民族的传统美德。节约每一粒粮食，是我们每一个中国人的责任和义务。

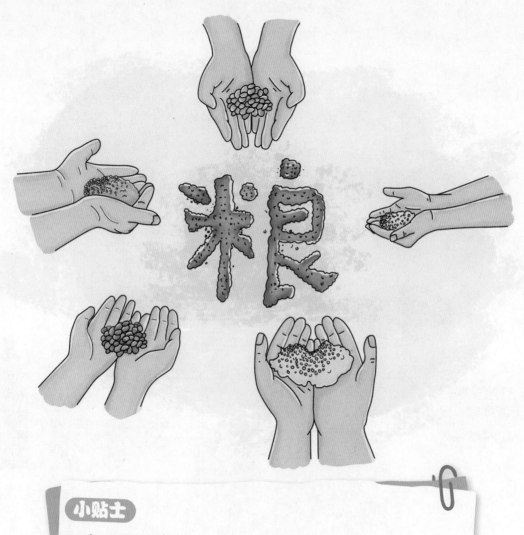

小贴士

☑ **世界粮食日**

　　1972 年出现了世界性粮食危机。为了唤起全世界对发展粮食和农业生产的高度重视，联合国便将每年的 10 月 16 日设为"世界粮食日"，希望更多人关注粮食安全和农业发展。

动手做一做

紫菜包饭

材料

米饭、紫菜若干张、芝麻、番茄酱、沙拉酱、
胡萝卜条、黄瓜条、鸡蛋条、火腿条、卷帘

第一步：蒸米

把大米淘洗干净，然后放到锅里蒸熟。

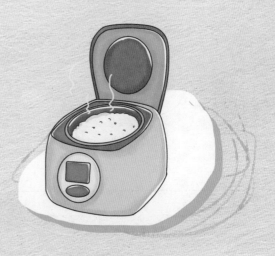

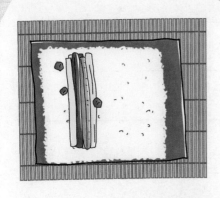

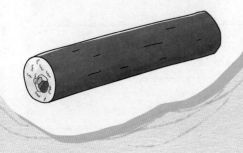

第二步：卷米

把紫菜放到卷帘上，将蒸好的大米铺到紫菜上，铺均匀。再将胡萝卜条、黄瓜条、鸡蛋条、火腿条放在米饭上，然后撒上芝麻。最后，用卷帘将所有食材卷起来。

第三步：切段

把卷好的紫菜饭卷用刀切段，再放上番茄酱或沙拉酱，就可以食用了。

读书笔记